Anton Steinhauser, Anton Steinhauser

Die Netze der Poinsot'schen Körper

zum Behufe der Darstellung ihrer Modelle

Anton Steinhauser, Anton Steinhauser
Die Netze der Poinsot'schen Körper
zum Behufe der Darstellung ihrer Modelle

ISBN/EAN: 9783743438866

Hergestellt in Europa, USA, Kanada, Australien, Japan

Cover: Foto ©berggeist007 / pixelio.de

Manufactured and distributed by brebook publishing software (www.brebook.com)

Anton Steinhauser, Anton Steinhauser

Die Netze der Poinsot'schen Körper

DIE

NETZE DER POINSOT'SCHEN KÖRPER

ZUM BEHUFE DER

DARSTELLUNG IHRER MODELLE.

EINE VOLLSTÄNDIGE ANLEITUNG ZUR ANFERTIGUNG DER
MODELLE DIESER REGELMÄSSIGEN KÖRPER, AUS PAPPE.

FÜR MATHEMATIKBEFLISSENE

BEARBEITET

VON

ANTON STEINHAUSER,
PROFESSOR DER MATHEMATIK AN DER LANDES-OBERREALSCHULE

IN

WIENER-NEUSTADT.

MIT V TAFELN.

GRAZ.
DRUCK UND VERLAG DER ACTIEN-GESELLSCHAFT „LEYKAM".
1871.

Vorwort.

Nachdem selbst an Mittelschulen, beim Unterrichte der Geometrie die Poinsot'schen Körper nicht leicht mehr übergangen werden können, — eine klare Vorstellung derselben jedoch selbst durch die besten Zeichnungen nur äusserst schwer gegeben werden kann, so liegt das Bedürfniss nach Modellen dieser Körper nahe.

Da jedoch dieselben aus Holz oder Blech der complicirten Form wegen nur sehr kostspielig, — aus Gyps, der Gebrechlichkeit wegen gar nicht hergestellt werden können, so bleibt für die Massenproduction nur die Pappe als das billigste und brauchbarste Materiale hiefür übrig.

Aber auch bei der Herstellung aus Pappe stösst man auf mannigfache technische Schwierigkeiten, wenn diese Körper nur einigermassen genau und passend erhalten werden sollen.

Eine Reihe von Versuchen, welche der Verfasser dieser Schrift anstellte, führte ihn nun successive auf die in der Folge angegebene Zusammensetzung dieser Körper aus Theilen, wodurch nicht allein die technischen Schwierigkeiten bei der Anfertigung der Modelle überwunden werden, sondern auch das Zusammenpassen der einzelnen Theile wesentlich verbessert wird.

Die Versteifungen im Innern der Körper, welche sich nach dieser Methode nebenbei ergeben, erhöhen zugleich die Festigkeit und Dauerhaftigkeit bedeutend.

In den dieser Schrift beiliegenden Tafeln finden sich in kleinem Massstabe die Netze der zusammenzusetzenden Theile gezeichnet, und diese selbst durch perspectivische Bilder veranschaulicht.

Da jedoch das Zeichnen der Netze nicht allein mühsam, sondern der erforderlichen Genauigkeit wegen sogar schwierig ist, so hat der Verfasser dieser Schrift Sorge dafür getragen, dass dieselben in grösserem Massstabe separat abgedruckt wurden, um jenen das Zeichnen derselben zu ersparen, welche sich diese Körpermodelle selbst anfertigen wollen.

Der Durchmesser der Kugel, welche den aus diesen Netzen erhaltenen Körpermodellen umschrieben werden kann, beträgt circa 4 Wr. Zolle = 0·105 Meter, so dass dieselben, weil sie keinen grossen Raum erfordern, auch für den Privatgebrauch geeignet sind.

In Bezug auf die Benennung der einzelnen Poinsot'schen Körper schliesst sich diese Schrift genau an die von Wiener („Ueber Vielecke und Vielflache", 1864, Leipzig. Teubner) gebrauchte an, und möge in Bezug auf die Theorie dieser Körper nur auf das soeben citirte Werk, sowie auf den Anhang II des 2 und das XII. Kapitel des 3. Bandes des Lehrbuches der Geometrie von Heis und Eschweiler (Köln, M. Du Mont-Schauberg) verwiesen werden.

Wiener-Neustadt im Juli 1870.

A. Steinhauser.

Inhalts-Verzeichniss.

	Seite
Einleitung	1

I. Das zwanzigeckige Sternzwölfflach.

A. Beschreibung seiner Körpertheile	3
B. Bildung seiner Körpertheile	4
a) die Bestandtheile 1 und 4 (Fig. 1 und 4, Taf. I)	4
b) der Bestandtheil 2 (Fig. 2, Taf. I)	6
c) der Bestandtheil 3 (Fig. 3, Taf. I)	7

II. Das zwölfeckige Sternzwölfflach.

A. Beschreibung seiner Körpertheile	8
B. Bildung seiner Körpertheile	9
a) die Bestandtheile 1 und 3 (Fig. 1 und 3, Taf. I)	9
b) der Bestandtheil 2 (Fig. 2, Taf. I)	10

III. Das sterneckige Zwanzigflach.

A. Beschreibung seiner Körpertheile	11
B. Bildung seiner Körpertheile	13
a) die Bestandtheile 1 und 3 (Fig. 1 und 3, Taf. II)	13
b) die Bestandtheile 4 und 5 (Fig. 4 und 5, Taf. II)	15

IV. Das sterneckige Zwölfflach.

A. Beschreibung seiner Körpertheile	16
B. Bildung seiner Körpertheile	17
a) die Bestandtheile 1 und 3 (Fig. 1 und 3, Taf. II)	17
b) der Bestandtheil 2 (Fig. 2, Taf. II)	18
Schlussbemerkungen	20

Einleitung.

Die vier Körper, deren Modelle durch das im Folgenden beschriebene Verfahren erhalten werden, sind:
1. Das zwanzigeckige Sternzwölfflach;
2. das zwölfeckige Sternzwölfflach;
3. das sterneckige Zwanzigflach;
4. das sterneckige Zwölfflach.

Jeder dieser Körper wird aus einzelnen Theilen zusammengesetzt, welche aus den in den Tafeln angegebenen Netzen gebildet werden können.

Um nun Demjenigen, welcher sich aus den Netzen die Modelle dieser Körper anfertigen will, von denselben schon früher einen Begriff zu geben, wodurch die Auffassung der nöthigen Manipulationen wesentlich erleichtert wird, werden im Folgenden immer zuerst die einzelnen zusammenzusetzenden Theile beschrieben, worauf erst die Erklärung folgt, wie aus den Netzen diese Theile erhalten werden.

Bevor wir jedoch zu diesen Beschreibungen und Erklärungen übergehen, geben wir alle jene Bemerkungen, welche sich auf die Anfertigung sämmtlicher vier Modelle, sowie auf die Auffassung der Netze beziehen, damit unnöthige Wiederholungen vermieden werden.

1. Sämmtliche auf Papier gedruckte oder gezeichnete Netze werden auf sehr dünnem Carton mittelst Kleister aufgezogen. Die Seite des Cartons, auf welcher sodann die Zeichnung liegt, nennen wir immer „Vorderseite", die dieser entgegengesetzte „Rückseite".

2. Die in den Netzen stark ausgezogenen Linien schneide man mit einem scharfen und spitzen Messer unter Zuhilfenahme eines Lineales **ganz** durch.

3. Die schwach ausgezogenen Linien schneide man auf der **Vorderseite** halb ein, d. h. bis in die halbe Dicke des Cartons.

4. Die gestrichelten Linien schneide man auf der **Rückseite** halb ein.

In jenen Fällen, in welchen man über die Endpunkte dieser Linien auf der Rückseite nicht ganz im Klaren ist, müssen diese Endpunkte von der Vorderseite aus durch Einstiche mittelst einer feinen Nadel markirt, und in dieser Weise auf der Rückseite ersichtlich gemacht werden.

5. Die **strichpunktirten** Linien werden von dem Messer nicht berührt, da sie bloss zur Richtschnur für die Zusammenfügung gewisser in der Beschreibung der Körperbildung näher bezeichneter Theile dienen.

6. Jene Flächen der Netze, welche nur als Verbindungslappen dienen, sind schraffirt und zwar mit **vollen** Linien, wenn sie zum Behufe des Anklebens an andere Flächen auf der Vorderseite, — mit **gestrichelten** Linien, wenn sie aus demselben Grunde auf der Rückseite mit Gummilösung bestrichen werden müssen.

7. Jene der die Netze bildenden Flächen (Drei-, Vier- oder Fünfecke), welche in ihrem Innern mit einer Zahl bezeichnet sind, werden im Folgenden nach dieser Zahl benannt, z. B. Fläche 1, 2, 3 etc.

8. Es ist selbstverständlich, dass alle Flächen, welche zur Bildung des Körpers um eine halbeingeschnittene Linie gebogen werden müssen, gegen die **Rückseite** gebogen werden, wenn sie **vorne** und gegen die **Vorderseite**, wenn sie **rückwärts** eingeschnitten sind.

Wesentlich erleichtert wird dieses Biegen oder Falten, wenn man auf der dem Halbeinschnitte entgegengesetzten Seite des Cartons einigemale mit der Schneide eines Falzbeines längs eines Lineales in der Richtung und längs des Einschnittes unter einem leichten Drucke so hinfährt, wie wenn man mit demselben ebenfalls einen Einschnitt machen wollte.

9. Nachdem bei den Netzen die erforderlichen Schnitte und Halbeinschnitte gemacht sind, biege man unter Berücksichtigung

von 8. die einzelnen Flächen um die halbeingeschnittenen Linien etwas um, wodurch die Beweglichkeit des Netzes erhöht, sowie in Folge dessen die noch erübrigende Arbeit erleichtert wird.

10. Wenn sich nach dem Zusammenkleben der einzelnen Theile an einigen Kanten wider Erwarten ein genauer Schluss nicht ergeben sollte, so kann man derlei kleine Fugen mit einer Mischung von Gummilösung und feinpulverisirter Kreide verstreichen.

11. Zum Schlusse wird jeder Körper mittelst eines kleinen Fischpinsels mit (weisser) Oelfarbe angestrichen, und nach deren vollkommener Trocknung mit Damarlack lackirt (überstrichen), wodurch die Seitenflächen glänzend und vor Beschmutzung durch Staub besser conservirt bleiben.

Nachdem wir nun diese einleitenden Bemerkungen gegeben haben, gehen wir zur näheren Besprechung der einzelnen Körper über:

I. Das zwanzigeckige Sternzwölfflach.
A. Beschreibung seiner Körpertheile.

Dieser in Figur I, Taf. I dargestellte reguläre Körper lässt sich recht gut aus den durch die Figuren 1, 2, 3 und 4 Taf. I versinnlichten Bestandtheilen zusammensetzen, von denen die Theile 1 und 4 der Form nach vollkommen übereinstimmen, der Lage nach jedoch verschieden sind.

Die Zusammensetzung dieser vier Theile wird nun dadurch bewerkstelligt, dass man den Theil 2 in der Weise über den Theil. 3 herabschiebt, dass zwischen je zwei der dreiseitigen Pyramiden des einen Theiles, eine Pyramide des anderen zu liegen kommt wornach die Punkte a, b, c, d, e der beiden Körpertheile aufeinander treffen werden und der in Fig. 5 gezeichnete Körper entsteht.

Hierbei versteht es sich wohl von selbst, dass bei der Zusammenfügung der Bestandtheile 2 und 3 die sich berührenden Ebenen vorher mit einem Klebestoffe (gummi arabicum-Lösung) bestrichen werden müssen, um das Zusammenhalten derselben zu erzielen.

Der auf diese Weise erhaltene Körper. Fig. 5. besitzt nun zwei parallele Grundflächen, welche reguläre Sternfünfecke sind, auf welche die Bestandtheile 1 und 4 mit ihren Grundflächen (die gemeine reguläre Fünfecke sind), so aufgeklebt werden, dass die Punkte $\alpha \beta \gamma \delta \varepsilon$ des Theiles 1, und $a\ b\ c\ d\ e$ des Theiles 2 beziehungsweise auf die gleichbezeichneten Punkte der oberen und unteren Grundfläche dieses Körpers zu liegen kommen. Da die Grundflächen der Bestandtheile 1 und 4 congruent mit den in den sternfünfeckigen Grundflächen gebildeten gemeinen regulären Fünfecken sind, diese sonach von den ersteren vollständig gedeckt werden, so dienen die im Inneren der Sternfünfecke liegenden Theile ihrer Seiten zugleich als Orientirungslinien zum genauen Aufkleben der Bestandtheile 1 und 4.

Sollte nun, was leicht geschehen kann, der Fall eintreten, dass die Grundflächen $\alpha \beta \gamma \delta \varepsilon$ und $a\ b\ c\ d\ e$ der Körpertheile 1 und 4 sich nicht ganz eben, sondern etwas convex gestalten, in Folge dessen sie dann auf den Grundflächen des Theiles 5 nicht genau aufsitzen würden, so befeuchte man diese convexen Stellen mit Wasser, wornach sie sich durch die eintretende Erweichung des Cartons etwas nach innen drücken lassen und concav werden.

Diess schadet nicht nur nichts, sondern befördert sogar das Zusammenpassen der zusammenzuklebenden Theile an den Rändern derselben.

Zur Erzeugung der oben erwähnten vier Körpertheile dienen die Netze, Fig. 1, 2, 3 Taf. III (ersteres zweifach), deren Behandlung nachstehend beschrieben wird.

B. Bildung seiner Körpertheile.
a) Die Bestandtheile 1 und 4 (Fig. 1 und 4, Taf. I).

Diese Bestandtheile stimmen, wie schon erwähnt, der Form nach vollständig überein, werden daher auf gleiche Weise aus gleichen Netzen erhalten.

Das zur Erzeugung eines dieser Bestandtheile nöthige Netz ist in Fig. 1. Taf. III gezeichnet, seine Behandlung wie folgt:

Sind mit Rücksicht auf die in der Einleitung gegebenen Andeutungen mit dem Messer die nöthigen Schnitte gemacht, s o k e h r e m a n d i e Z e i c h n u n g u m, so dass die Vorderseite

unten zu liegen kommt, bezeichne sodann auf der Rückseite die
Ecken des Fünfeckes *a b c d e* genau mit den auf der Vorderseite für dieselben gebrauchten Buchstaben und ziehe die über
den strichpunktirten Geraden *a d* und *b d* der Vorderseite liegenden Geraden *a d* und *b d* der Rückseite.

Hat man endlich die auf der Vorderseite mit 1, 1', 1'', 1''', 1''''
überschriebenen Flächen auch auf der Rückseite mit denselben
Zahlen bezeichnet, so gehe man zur eigentlichen Bildung des
Bestandtheiles über.

Die Vorderseite der Zeichnung unten liegen
lassend, biege man die Flächen 1, 2, 3, 4 um die zwischen
ihnen liegenden halbeingeschnittenen Linien unter Berücksichtigung von 8., Seite 2 und bilde eine dreiseitige Pyramide, indem
man die mit der Ziffer 4 bezeichnete Fläche mit ihrer gummirten
Vorderseite (siehe 6., Seite 2) auf die Rückseite der Fläche 1 klebt.

Es werden sodann die Vorderseiten der Flächen 1, 2, 3 die
Aussenseiten der Pyramide bilden.

Ganz auf dieselbe Weise gehe man zur Bildung der noch
übrigen vier dreiseitigen Pyramiden über, welche aus den analog
benannten Flächen (1', 2', 3', 4'), (1'', 2'', 3'', 4''), (1''', 2,''' 3''', 4''')
und (1'''', 2'''', 3'''', 4'''') erhalten werden.

Um ein gutes Anhaften der gummirten Flächen 4, 4', 4'', 4''', 4'''' bezüglich an den Flächen 1, 1', 1'', 1''', 1'''' zu erzielen, bediene man sich zum
Niederstreichen der zusammengeklebten Flächen eines etwa 2 Millimeter
dicken und 1 Centimeter breiten Fischbeines, das vorne etwas zugespitzt ist,
um es tief genug in das Innere der Pyramide einführen zu können.

Zur Versteifung der Pyramidenspitzen trägt es sehr viel bei, wenn man
in das Innere derselben, gleich nach ihrer Bildung, einen angemessen grossen
Tropfen dicker Gummilösung fallen lässt, der nach seiner Trocknung hart
wird und die Spitzen dadurch gleichsam massiv macht.

Sind die fünf Pyramiden gebildet, so biege man (die Vorderseite der Zeichnung immer unten lassend) zuerst die Pyramide
1'''' 2'''' 3'''' etwas um die Linie *ab* und klebe die Fläche 5, nachdem man sie um die gestrichelte halbeingeschnittene Linie
gebogen, auf die Rückseite der Fläche *a d e* so, dass sich die
Dreiecksseiten vollkommen decken.

Die nächste Pyramide 1, 2, 3 wird um die Linie bc etwas aufgebogen und an die vorhergehende $1''''$, $2''''$, $3''''$ dadurch befestiget, dass man die ebenfalls etwas eingebogenen Lappen 6 und 7 an die Fläche 8 und 9 anklebt.

Die darauf folgende Pyramide $1'$, $2'$, $3'$ wird um die Linie cd aufgebogen und an die vorigen zwei Pyramiden $1''''$, $2''''$, $3''''$ und 1, 2, 3 dadurch befestiget, dass die Fläche 10 auf die Fläche 11 und die (nach 5., Seite 2) nicht umgebogene Fläche 12 auf die Fläche 13 geklebt wird.

Die nächste Pyramide $1''$, $2''$, $3''$ wird um die Linie de aufgebogen und an die vorigen Pyramiden dadurch befestigt, dass die Fläche 14 auf 12 und Fläche 15 auf 16 geklebt wird.

Die letzte Pyramide $1'''$, $2'''$, $3'''$ endlich wird um die Linie ae aufgebogen und an die vorigen Pyramiden durch das Ankleben der Flächen 17 auf 18 und 19 auf 20 befestiget.

b) Der Bestandtheil 2 (Fig. 2, Taf. I).

Das Netz zur Erzeugung dieses Bestandtheiles ist in Fig. 2 Taf. III abgebildet.

Sind in dem Netze mit dem Messer die nothwendigen Schnitte gemacht, so versteht es sich von selbst, dass die mit 0 bezeichneten Dreieke durchfallen, und auch an den fünf mit x bezeichneten Stellen kein Zusammenhang besteht.

Man kehre jetzt die Zeichnung um, so dass die Vorderseite unten zu liegen kommt, bezeichne die Dreiecke 1, 2, 3, 4, 5, 6, 7 der Vorderseite auch auf ihrer Rückseite mit den gleichen Ziffern und schreite dann zur Bildung des Körperbestandtheiles, indem man die in (Fig. 2) der perspectivischen Zeichnung ersichtlichen fünf geschlossenen, dreiseitigen Pyramiden erzeugt.

Wir beschreiben hier bloss die Bildung Einer dieser fünf Pyramiden, indem die anderen vier ganz auf dieselbe Weise zu Stande gebracht werden, da das in der nachstehenden Beschreibung von den Flächen (1, 2, 3, 4, 5, 6, 7) Gesagte auch von den analog benannten Flächen ($1'$, $2'$, $3'$, $4'$, $5'$, $6'$, $7'$), ($1''$, $2''$, $3''$, $4''$, $5''$, $6''$, $7''$), ($1'''$, $2'''$, $3'''$, $4'''$, $5'''$, $6'''$, $7'''$) und ($1''''$, $2''''$, $3''''$, $4''''$, $5''''$, $6''''$, $7''''$) gilt.

Ferner bemerken wir noch im Allgemeinen, dass die Vorderseiten der Flächen (1, 2, 3), (1'. 2'. 3'), (1", 2", 3"). (1''', 2''', 3''') und (1'''', 2'''', 3'''') immer die Aussenseiten der Pyramiden bilden müssen.

Die Bildung selbst geschieht in folgender Weise: Man biege, die Vorderseite unten liegen lassend, die Flächen 2 und 3, 3 und 6, 6 und 7 um die zwischen ihnen liegenden gemeinschaftlichen, halb eingeschnittenen Linien so, dass durch Ankleben der gummirten Vorderseite der Fläche 7 auf die Rückseite der Fläche 2, zwischen den Flächen 2 und 6 eine Kante entsteht. Hierauf biege man die Flächen 5 und 6, dann 3 und 4 um die zwischen ihnen liegenden gemeinschaftlichen halbeingeschnittenen Linien und klebe die gummirte Vorderseite der Fläche 5 an die Rückseite der Fläche 4, wodurch zwischen den Flächen 4 und 6 eine zweite Kante und zugleich eine dreiseitige Pyramide entsteht, die nur noch mit der gummirten Vorderseite der Fläche 4 auf die Rückseite der Fläche 1 aufzukleben kommt.

c) **Der Bestandtheil 3 (Fig. 3, Taf. I).**

Derselbe wird aus dem Netze Fig. 3, Taf. III gebildet.

Sind mit dem Messer die nöthigen Schnitte gemacht, so kehre man die Zeichnung um, so dass die Vorderseite unten zu liegen kommt, bezeichne die Dreiecke 1, 2, 3, 4, 5, 6 und 1', 2', 3', 4', 5', 6' der Vorderseite, auch auf ihrer Rückseite mit den gleichen Ziffern, und schreite dann zur Bildung des Körpertheiles, indem man die in (Fig. 3) der perspectivischen Zeichnung ersichtlichen dreiseitigen Pyramiden erzeugt, wobei die Vorderseiten der Flächen 1, 2, 3, dann 1', 2', 3' u. s. w. immer die Aussenseiten der Pyramiden bilden müssen.

Zur Erreichung dieses Zweckes biege man die Flächen 1, 2. 3, 4 um die zwischen ihnen liegenden halbeingeschnittenen Linien, und klebe die gummirte Vorderseite der Fläche 4 an die Rückseite der Fläche 1, wodurch eine der Pyramiden entsteht.

Nun biege man die Fläche 5 um die zwischen den Flächen 3 und 5, ebenso die Fläche 6 um die zwischen den Flächen 5 und 6 liegende halbeingeschnittene Linie, und klebe die Vorderseite der gummirten Fläche 6 an die Rückseite der Fläche 2' der zu bildenden zweiten Pyramide, nachdem man zu diesem Zwecke die Fläche 2' um die zwischen ihr und der Fläche 1' liegende halbeingeschnittene Linie gebogen hat.

Nun biegt man auch die Fläche 3' um die zwischen ihr und der Fläche 2' dann die Fläche 4' um die zwischen ihr und der Fläche 3' liegende halbeingeschnittene Linie, und klebe die gummirte Vorderseite der Fläche 4' an die Rückseite der Fläche 1' wodurch die zweite Pyramide entsteht.

Diese Pyramide wird mittelst der Flächen 5' und 6' mit der dritten zu bildenden Pyramide ganz in der Weise verbunden, wie wir es bei der ersten Pyramide gezeigt haben, und so mit der successiven Bildung und Verbindung bis zur fünften Pyramide fortgefahren.

Die Verbindung der fünften Pyramide mit der ersten weicht von der beschriebenen Methode ab, indem, weil die erste Pyramide schon geschlossen ist, die gummirte Vorderseite der Fläche 6'''' an die Rückseite der Fläche 2 nur dadurch angeklebt werden kann, dass man den mit 6'''' bezeichneten Verbindungslappen in das Innere der ersten Pyramide einschiebt, was gar keine Schwierigkeit hat.

II. Das zwölfeckige Sternzwölfflach.

A. Beschreibung seiner Körpertheile.

Dieser in Fig. II, Taf. I dargestellte Körper wird aus den in den Fig. 1, 2, 3 abgebildeten Körpertheilen zusammengesetzt. Die Theile 1 und 3 stimmen wieder der Form nach vollkommen überein und unterscheiden sich in den Bildern nur durch die Verschiedenheit der Stellung, in der sie sich befinden.

Die Zusammensetzung dieser 3 Theile erfolgt nun dadurch, dass man den ringförmigen Theil, Fig. 2 (der ein Stück eines Dodekaeder's ist), in der Stellung, in der er gezeichnet ist, in den unter ihm stehenden Körpertheil, Fig. 3, so einklebt, dass die

Eckpunkte a, b, c, d, e beider Theile aufeinanderfallen, und dann den oberen Körpertheil, Fig. 1, ebenfalls in der Stellung, wie er gezeichnet ist, über das sodann aus dem unteren Körpertheil (Fig. 3) hervorstehende Stück des Ringes (Fig. 2) so herabschiebt, dass ebenfalls die Eckpunkte a, b, c, d, e aufeinanderfallen.

Der Ring (Fig. 2) dient daher bloss zur Verbindung der Theile 1 und 3, muss folglich an seiner ganzen Aussenseite behufs des Einklebens mit Gummilösung bestrichen werden, und ist nach Vollendung des Modelles in dessen Innern vollständig eingeschlossen.

Nach dem Zusammenkleben halte man die zusammengefügten Theile einige Zeit mit den Händen zusammen, bis das Bindemittel soweit eingetrocknet ist, dass man keine Lostrennung der Flächen mehr zu besorgen hat.

Zur Bildung der oben erwähnten drei Körpertheile dienen die Netze Fig. 1 und 2. Taf. V, deren Behandlung nachstehend beschrieben wird:

B. Bildung seiner Körpertheile.
a) Die Bestandtheile 1 und 3 (Fig. 1 nnd 3, Taf. I).

Diese Bestandtheile stimmen, wie schon erwähnt, der Form nach vollständig überein, werden daher auf gleiche Weise aus gleichen Netzen erhalten.

Das zur Erzeugung eines dieser Bestandtheile nöthige Netz ist in Fig. 1, Taf. V. gezeichnet, seine Behandlung wie folgt:

Sind mit dem Messer die nöthigen Schnitte gemacht, so kehre man die Zeichnung wieder um, so dass die Vorderseite unten zu liegen kommt.

Hierauf ziehe man auch auf der Rückseite (siehe 4., Seite 2) die strichpunktirten Linien ab, bc, cd, de, ef und bezeichne auf derselben die auf der Vorderseite mit den römischen Zahlen I, I', I'', I''', I'''' beschriebenen Fünfecke mit den nämlichen Zahlen.

Ist diess geschehen, so gehe man zur Bildung des Bestandtheiles in folgender Weise über:

Die Vorderseite der Zeichnung unten liegen lassend, biege man die Flächen 1, 2, 3, 4, 5, 6 um die zwischen ihnen liegenden halbeingeschnittenen Linien und bilde eine fünfseitige Pyramide, indem man die mit der Ziffer 6 bezeichnete Fläche mit ihrer gummirten Vorderseite auf die Rückseite der Fläche 1 klebt.

Die Vorderseiten der Flächen 1, 2, 3, 4, 5 werden somit die Aussenseiten der Pyramide bilden.

Ganz auf die eben beschriebene Weise gehe man auch zur Bildung der noch übrigen vier fünfseitigen Pyramiden vor, indem man die analog benannten Flächen (1', 2', 3', 4', 5', 6'), (1'', 2'', 3'', 4'', 5'', 6''), (1''', 2''', 3''', 4''', 5''', 6''') und (1'''', 2'''', 3'''', 4'''', 5'''', 6'''') ebenso wie die Flächen (1, 2, 3, 4, 5, 6) behandelt, wobei natürlich wieder die Vorderseiten der Flächen, die Aussenseiten der Pyramiden bilden müssen.

Auch hier kann man zur Beförderung des guten Anhaftens der gummirten Flächen sich des schon beim vorigen Körper erwähnten Fischbeines bedienen, ferners in die Pyramidenspitzen Gummilösung eintropfen.

Sind die fünf Pyramiden gebildet, so biege man bei der Pyramide 1, 2, 3, 4, 5 die schraffirten Lappen 7, 8, 9, 10 um die auf der Vorderseite halb eingeschnittenen Linien so, dass alle vier Lappen nahezu in eine und dieselbe Ebene zu liegen kommen, bestreiche sie mit Gummilösung, biege die ganze Pyramide um die zwischen der Fläche 1 und dem Fünfecke I liegende halbeingeschnittene Linie und klebe sie auf das Fünfeck I der Rückseite dergestalt an, dass die fünf Basisseiten der Pyramide mit den fünf Seiten des Fünfeckes g e n a u zusammenfallen.

Ganz in derselben Weise werden auch die anderen vier Pyramiden auf die Rückseiten der Fünfecke I', I'', I''', I'''' geklebt.

Endlich schreite man zur Bildung der sechsten Pyramide und zugleich Schliessung der Gestalt, indem man die noch erübrigenden Flächen 1'''', 2'''', 3'''', 4'''', 5'''' und 6'''' um die zwischen ihnen liegenden halbeingeschnittenen Linien biegt, und die gummirte Rückseite der Fläche 6'''' an die Vorderseite der Fläche 1'''' und I'''' klebt.

b) Der Bestandtheil 2 (Fig. 2, Taf. I).

Zur Bildung dieses Bestandtheiles benöthiget man das in Fig. 2, Taf. V gezeichnete Netz.

Sind in demselben wieder die nöthigen Schnitte gemacht, so kann man sogleich zur Bildung des in Rede stehenden Körpertheiles schreiten und zwar in folgender Weise:

Man bestreiche die Fläche 3 mit Gummilösung, schiebe sie unter die Fläche 1' und klebe sie daselbst so an, dass die beiden Flächen 2 und 1' genau aneinanderstossen, wodurch sich an ihrer Berührungsstelle, und gleichzeitig auch an den zwischen den Flächen 1 und 2, dann 1 und 1' liegenden halbeingeschnittenen Linien von selbst Kanten bilden werden.

Hierauf biege man die Fläche 2' etwas um die zwischen ihr und der Fläche 1' liegende halbeingeschnittene Linie, und klebe sie mit ihrer Rückseite so auf die gummirte Fläche 4, dass die beiden Flächen 2 und 2' genau aneinanderstossen und an der Berührungsstelle ebenfalls eine Kante bilden.

Ganz in derselben Weise klebe man die Flächen

3' unter 1'' und 4' unter 2''
3'' „ 1''' „ 4'' „ 2'''
3''' „ 1'''' „ 4''' „ 2''''

Endlich schreite man zur Schliessung des Ringes in folgender Weise:

Der Lappen L wird so unter die Fläche 1 geklebt, dass die Linie ab des Lappens L mit der Linie ab der Fläche 1 genau zusammenfällt. Ist dies geschehen, so hängt die Fläche 1'''' mit der Fläche 1 gerade so zusammen, wie die Fläche 1 mit 1', 1' mit 1'' u. s. w., und man hat also nur mehr in bekannter Weise die Fläche 3'''' unter die Fläche 1 und die Fläche 4'''' unter die Fläche 2 zu kleben, um den Ring zu vollenden.

III. Das sterneckige Zwanzigflach.

A. Beschreibung seiner Körpertheile.

Dieser in Fig. III. Taf. II. dargestellte Körper wird aus zwölf Theilen zusammengesetzt, und zwar aus den Theilen Fig. 1 und Fig. 3 und aus zehn (mit fünf aus- und ebensoviel einspringenden

Kanten versehenen, unter sich congruenten) Pyramiden, welche sowohl in der perspectivischen Ansicht des ganzen Körpers, als auch in Fig. 4 und 5 ersichtlich gemacht sind.

Die Zusammenfügung dieser zwölf Theile geschieht nun in folgender Weise:

Man klebt den Körpertheil, Fig. 1, auf den unter ihm stehenden so, dass die in beiden Theilen mit a, b, c u. s. w. bezeichneten Ecken beziehlich aufeinanderfallen und der in Fig. 3 gezeichnete Körper entsteht.

In diesen letzteren werden sodann nach und nach die zehn congruenten Pyramiden (Fig. 5) so eingeklebt, wie es in Fig. 3 mittelst einer punktirt eingezeichneten Pyramide ersichtlich gemacht worden ist.

Das bei diesem Einkleben besonders zu Beachtende möge aus folgenden Bemerkungen entnommen werden:

Eine solche Pyramide (Fig. 5) besteht, wie aus Fig. 4 zu ersehen ist, aus der eigentlichen Pyramide und dem ihre untere Oeffnung schliessenden, ebenfalls pyramidalen Deckel f, g, h, i, k, welcher um die Linie fg beweglich ist, und in Fig. 5 bereits so zugeklappt erscheint, dass die mit gleichen Buchstaben bezeichneten Ecken f, g, h, i, k genau zusammentreffen.

Damit nun dieser Deckel bleibend schliesst, ist er mit seinen in Fig. 4 sichtbaren acht Lappen im Innern der Pyramide angeklebt.

Die äusseren vier, unter gewissen Winkeln zu einander geneigten Ebenen des Deckels passen nach ihrer Construction und in der in Fig. 5 und 3 ersichtlich gemachten Stellung genau in die pyramidale Vertiefung der Fig. 3, wenn der Deckel g e n a u geschlossen ist, daher es rathsam erscheint, sogleich beim Zukleben des Deckels, so lange das Klebemittel noch feucht und nachgiebig ist, die Pyramide in die Vertiefung des Körpers Fig. 3 einzusetzen, und durch ein entsprechendes Gegeneinanderdrücken der sich berührenden Ebenen, das Accomodiren des Deckels zu bewerkstelligen.

Zur Controle, dass die Pyramide die richtige Stellung besitzt, müssen gewisse Kanten-Linien visirt werden, um zu sehen, ob sie in einer Geraden liegen. Solche geradlinige Kanten laufen bei der ersten eingesetzen Pyramide in Fig. 3 von der Spitze der punktirten Pyramide aus, nämlich von e bis nach a, von e bis nach m und von e bis nach c.

Mit der Zahl der eingesetzten Pyramiden vermehrt sich auch die Zahl der zu controlirenden geradlinigen Kanten, indem jede der fünf, in der Pyramidenspitze e zusammentreffenden Kanten in gerader Linie bis zur Spitze einer anderen Pyramide fortläuft, wie man aus der perspectivischen Zeichnung des ganzen Körpers, Fig. III, ersehen kann.

Es ist wohl selbstverständlich, dass, wenn man in der oberen Hälfte der Grundgestalt, Fig. 3, fünf Pyramiden in ganz gleicher Weise eingesetzt hat, man die untere Hälfte der Grundgestalt nach oben kehrt und beim Einsetzen der weiteren fünf Pyramiden ganz so verfährt, wie bei den ersten fünf.

Zur Bildung dieser drei Körpertheile dienen die Fig. 1, 2, 3 und 4. Taf. V, gezeichneten Netze, deren Behandlung im Folgenden gezeigt wird.

B. Bildung seiner Körpertheile.
a) Die Bestandtheile 1 und 3 (Fig. 1 und 3, Taf. II).

Die Behandlung der Netze (Fig. 1 und 2. Taf. V) zu den Körpertheilen 1 und 3 ist eine ganz gleiche, da sich diese Theile nur sehr wenig von einander unterscheiden.

Die nachstehende Beschreibung der Manipulation gilt daher auch für beide Netze zugleich, und wird erst zum Schlusse dasjenige beigefügt, was über das Netz Fig. 2 noch zu sagen nothwendig ist.

Vor allem muss bemerkt werden, dass die Dreiecke abc und cde keine wirklichen Bestandtheile des Körpernetzes, sondern nur aus praktischen Gründen provisorische Zugaben sind, die später wegfallen müssen.

Anfänglich dürfen nämlich beim Durchschneiden der Grenzlinien beider Netze die Linien ac und ce mit dem Messer nicht berührt werden, sondern man muss die Netze um die Dreiecke *abc* und *cde* grösser machen als sie sein sollen, um das Biegen oder Falten des Cartons nach den halbeingeschnittenen Linien zu erleichtern, denn es ist kaum oder nur höchst schwer möglich, den Carton ohne Beibringung von falschen Bügen bei Ecken von so kleinen Winkeln, wie sie hier am Centrum *c* der beiden Netze vorkommen, zu falten, wenn die Ecken ganz an der Grenze des Cartons liegen.

Die Zugabe der Dreiecke *abc* und *cde* hat daher nur den Zweck, den Winkel der zwei ersten an der Grenze liegenden und zu biegenden Flächen zu vergrössern.

Sind die Büge alle gemacht, so werden die Dreiecke *abc* und *cde* als überflüssig gewordene Flächen weggeschnitten.

Zur Bildung der zwei in Rede stehenden Körpertheile ist es nothwendig, sämmtliche Flächen um die Halbeinschnitte recht leicht beweglich zu machen, daher diese auf ihrer entgegengesetzten Seite mit der Schneide eines Falzbeines in bekannter Weise (siehe 8., Seite 2) zu behandeln sind.

Ist die Beweglichkeit der Flächen um ihre halbeingeschnittenen Linien erzielt, so klebe man die Vorderseite der Fläche 1 so an die Rückseite der Fläche 2, dass die Linien γ'''', δ'''' und α'''', ϵ'''' (wobei γ'''' und α'''' ein und derselbe Punkt sind) genau aufeinander fallen, wobei sich die betheiligten Flächen in Folge ihrer Beweglichkeit von selbst in die erforderliche Lage versetzen.

Ganz in derselben Weise klebe man die Fläche 1' unter die Fläche 2', 1'' unter 2'', 1''' unter 2''' und 1'''' unter 2''''. Nun nehme man eines der zur Versteifung und Form-Fixirung gehörigen Fünfecke, Fig. 3, zur Hand, mache die nöthigen Schnitte und biege die schraffirten Flächen (Lappen) von der Vordergegen die Rückseite, wodurch jede Sternecke zwei nach unten stehende Lappen erhält.

So gestaltet, bestreicht man die zur Ecke $\alpha\beta\gamma$ des Sternes, Fig. 3, gehörigen zwei Lappen mit Gummilösung und klebt sie so an die Rückseiten der zwei um ihre Zwischenlinie gebogenen Flächen 3 und 4 des Netzes, Fig. 1, dass die Linie $\alpha\beta$ des Sternes (Fig. 3) mit der Linie $\alpha\beta$ der Fläche 3 des Netzes

(Fig. 1) und die Linie β γ des Sternes (Fig. 3) mit der Linie β γ der Fläche 4 des Netzes (Fig. 1) genau zusammenfällt.

Es ist selbstverständlich, dass hierbei die Vorderseite des Netzes (Fig. 1) zur Aussenseite des Körpertheiles Fig. 1, Taf. II. werden muss.

Ebenso klebt man weiters die zwei Lappen der Ecke $α'β'γ$, des Sternes (Fig. 3) an die Rückseiten der Flächen 3' und 4' des Netzes (Fig. 1), wobei wieder die gleichnamigen Linien $α'β'$ und $β'γ'$ des Sternes (Fig. 3) und der Flächen 3' und 4' des Netzes (Fig. 1) zusammenfallen müssen.

Ganz in derselben Weise wird mit den Ecken $α''β''γ''$, $α'''β'''γ'''$ und $α''''β''''γ''''$ des Sternes und den Flächen 3'', 4''; 3''', 4''' und 3'''', 4'''' des Netzes fortgefahren, wodurch das Netz sich immer mehr einer pyramidalen Form nähert. Es erübrigt hiezu nämlich nichts mehr, als dass man die Fläche 5 des Netzes Fig. 1 auf die gummirte Fläche 3 desselben Netzes klebt.

Wie der Stern Fig. 3 in das Netz Fig. 1 eingeklebt wurde, wird auch ein eben solcher in das Netz Fig. 2 eingeklebt und die Gestalt geschlossen, daher nur noch zu bemerken ist, dass die Flächen 6 und 7, 6' und 7', 6'' und 7'', 6''' und 7''', 6'''' und 7'''', wenn sie sich nicht schon während der Manipulation von selbst in Folge ihrer Beweglichkeit in die richtige Lage versetzt haben, durch einen leisen Druck von der Vorder- gegen die Rückseite so gegen das Innere der Gestalt gefaltet werden müssen, dass ihre Lage jener entspricht, die aus der perspectivischen Zeichnung, Fig. 3, Taf. II, entnommen werden kann.

b) Der Bestandtheil 4, resp. 5 (Fig. 4 und 5, Taf. II).

Das Netz dieses Bestandtheiles ist in Fig. 4 der Taf. V abgebildet.

Bei demselben wird es vorzugsweise angezeigt sein, die halb einzuschneidenden Linien zuerst unter das Messer zu nehmen.

Um diess aber mit der gehörigen Genauigkeit ausführen zu können, erinnere man sich an das in 4., Seite 2 Gesagte.

Sind die Halbeinschnitte alle gemacht, so werden, mit Ausnahme der Linien ac und ce alle dicken Grenzlinien des Netzes.

folglich auch die unterbrochenen Linien *ab*, *bc*, *cd* und *de* durchschnitten, indem hier, wie in den Netzen Fig. 1 und 2 zu den Figuren 1 und 2 der perspectivischen Zeichnung, die Dreiecke *abc* und *cde* nur als vorläufige Zugaben zu betrachten sind, die bloss die Erleichterung des Biegens oder Faltens der Pyramidenflächen bezwecken, nach Erreichung dieses Zweckes aber dadurch weggeschafft werden, dass man die eigentlichen Grenzlinien *ac* und *ce* des Netzes durchschneidet.

Sind alle Flächen nach den in der Einleitung gegebenen allgemeinen Regeln vor- und rückwärts gebogen worden, um sie leicht beweglich zu machen, so klebt man nach und nach den Lappen 1 unter die Fläche 2, den Lappen 3 unter die Fläche 4, den Lappen 5 unter die Fläche 6 und den Lappen 7 unter die Fläche 8 dergestalt, dass im 1. Falle die Linien $\alpha\beta$ und $\alpha'\beta$, im 2. Falle die Linien $\beta\gamma$ und $\beta'\gamma'$, im 3. Falle die Linien $\delta\varepsilon$ und $\delta\varepsilon'$, endlich im 4. Falle die Linien $\zeta\eta$ und $\zeta\eta'$ congruiren.

Ist diess geschehen, so ist auch der in der perspectivischen Zeichnung, Fig. 4, dargestellte Körpertheil, nämlich die fünfkantige Pyramide mit ihrem Deckel und den daran noch befindlichen 8 Lappen so weit vollendet, dass der Deckel nur noch durch Gummiren der Lappen und Einschieben derselben in das Innere der Pyramide wie in Fig. 5 zu schliessen, und die Pyramide in die Vertiefung der Gestalt, Fig. 3, mit jenen Vorsichten einzusetzen, resp. einzukleben ist, wie es weiter oben bereits näher erörtert worden ist.

Besonders anzurathen wäre auch hier das Eintragen eines Tropfens dicker Gummilösung in das Innere der Pyramidenspitze, um diese möglichst fest zu machen.

IV. Das sterneckige Zwölfflach.
A. Beschreibung seiner Körpertheile.

Dieser in Fig. 4, Taf. II, dargestellte Körper wird aus den drei Theilen, Fig. 1, 2 und 3 zusammengesetzt, von denen die Theile 1 und 3 wieder der Form nach übereinstimmen, der Lage nach jedoch verschieden sind.

Die Verbindung dieser drei Bestandtheile zum ganzen Körper ist höchst einfach und wird in folgender Weise bewerkstelligt:

Man klebt nämlich den Bestandtheil, Fig. 1, in der Stellung, wie er in der Zeichnung über dem Bestandtheil Fig. 2 steht, mit den an seiner Grundfläche befindlichen Lappen so auf die fünfeckige Fläche $abcde$ des Mittelkörpers, Fig. 2, dass die regelmässigen Sternfünfecke $acebda$ beider Körpertheile zusammenfallen (sich decken).

Ganz auf dieselbe Weise wird der Bestandtheil Fig. 3 mittelst seiner in der Ebene $\alpha \beta \gamma \delta \varepsilon$ liegenden Lappen auf die fünfeckige Fläche $\alpha \beta \gamma \delta \varepsilon$ des Mittelkörpers Fig. 2 geklebt, so zwar, dass auch hier die regelmässigen Sternfünfecke $\alpha \gamma \varepsilon \beta \delta \alpha$ beider Körpertheile zusammenfallen.

Zur Erklärung der Constructionsweise obiger drei Körpertheile dienen die Netze Fig. 1, 2, 3 und 4, Taf. IV, und die dazu gehörige nachstehende Beschreibung.

B. Bildung seiner Körpertheile.

a) Die Bestandtheile 1 und 3 (Fig. 1 und 3, Taf. II).

Das Netz dieser zwei Bestandtheile, die natürlich wieder auf gleiche Weise erhalten werden, ist in Fig. 2, Taf. IV, gezeichnet.

Obgleich dasselbe sehr einfach aussieht, erfordert es doch gewisse w o h l z u b e a c h t e n d e Vorsichten, die in Folgendem angegeben werden:

Nachdem nämlich mit dem Messer die nöthigen Schnitte gemacht, und die Halbeinschnitte auf ihrer entgegengesetzten Seite mit der Schneide eines Falzbeines (siehe 8., Seite 2) für die Biegung gehörig vorbereitet worden sind, versuche man die Flächen 1 und 2, 1' und 2', 1'' und 2'', 1''' und 2''', 1'''' und 2'''' von ihrer äussersten Ecke angefangen gegen den Mittelpunkt des Sternes hin, um die zwischen ihnen liegenden, auf der Vorderseite halb eingeschnittenen Linien, gegen die Rückseite zu biegen, aber nur s o w e i t, als es leicht möglich ist, ohne den Carton zu sehr zu verbiegen.

Sodann biege man die Flächen 2 und 1', 2' und 1'', 2'' und 1''', 2''' und 1'''', 2'''' und 1, ebenfalls von aussen gegen das Centrum des Sternes vorgehend, um die zwischen ihnen liegenden, auf der Rückseite eingeschnittenen Linien gegen die Vorderseite, aber wieder nur s o w e i t, als es l e i c h t möglich ist, da bis an den Mittelpunkt des Sternes die Biegung anfänglich nicht ausführbar und auch nicht räthlich ist, weil sonst leicht in Folge dessen ein Reissen oder eine Spaltung des Cartons im Centrum des Sternes, resp. an der zu bildenden Körperecke stattfinden könnte.

Man erreicht sein Ziel am sichersten, wenn man alle Biegungen anfänglich, wie bereits gesagt, nur an den äussersten Enden der halbeingeschnittenen Linien vornimmt und, öfter im Kreise herumgehend, mit der Biegung dem Mittelpunkte immer näher rückt.

Ist der Stern gehörig gefaltet, so biegt man die schraffirten Lappen 3 und 4, 3' und 4' etc., um die auf der Vorderseite halb eingeschnittene Linie gegen die Rückseite u. z. so weit, bis bei einer Stellung des Sternes, die der Fig. 1 in der perspectivischen Zeichnung entspricht, alle Lappen in einer und derselben Ebene liegen, wobei auch die längeren Katheten der Dreiecke 3 und 4, 3' und 4' u. s. w. aneinanderstossen werden, wie es in den Fig. 1 und 3 der perspectivischen Zeichnung zu ersehen ist.

b) **Der Bestandtheil 2 (Fig. 2, Taf. II).**

Dieser Bestandtheil wird aus dem Netze Fig. 1, Taf. IV, und den in den Fig. 3 und 4, Taf. IV, dargestellten regelmässigen Fünfecken wie folgt, erhalten:

Sind nämlich bei dem Netze mit dem Messer alle nöthigen Einschnitte gemacht, so biege man vorläufig alle Flächen nach der in 8., Seite 2 gegebenen Regel um die halbeingeschnittenen Linien gegen die Vorder- oder Rückseite, um die einzelnen Theile leicht beweglich zu machen. Sodann klebe man die Vorderseite der Fläche 1 so an die Rückseite der Fläche 2, dass die Linien *mn* und *mp* genau aufeinanderfallen, wobei sich die betheiligten

Flächen in Folge ihrer Beweglichkeit von selbst in die erforderliche Lage fügen.

Ganz in derselben Weise klebe man die Fläche 3 unter die Fläche 4, 5 unter 6, 7 unter 8, 9 unter 10, 11 unter 12, 13 unter 14, 15 unter 16, 17 unter 18 und 19 unter 20.

Hierauf nehme man die Zeichnung der beiden regelmässigen Fünfecke zur Hand und durchschneide sie nach den stark ausgezogenen Linien, wobei aus rein praktischen Gründen das innerste (kleinste) Fünfeck ganz durchfällt, und das nächst grössere wenigstens um die Cartondicke kleiner wird als das äusserste, welches ohne Rücksicht auf die Materialdicke, also die theoretisch richtige Grösse besitzt.

Nun klebe man die Rückseite der Fläche I des Netzes so auf die Vorderseite der Fläche I des Fünfeckes Fig. 3, dass die Linien d und ϵ des Netzes genau auf die gleichbenannten strichpunktirten Linien des Fünfeckes fallen.

Ebenso wird die Rückseite der Fläche I' des Netzes dergestalt auf die Vorderseite der Fläche I' des Fünfeckes Fig. 4 geklebt, dass die Linien δ und α auf die gleichnamigen strichpunktirten Linien des Fünfeckes fallen.

Von nun an fahre man fort, abwechselnd einmal an das Fünfeck Fig. 3, das anderemal an das Fünfeck Fig. 4 eine Fläche des Netzes anzukleben und zwar in folgender Ordnung:

Die Rückseite der Fläche
II des Netzes auf die Vorderseite der Fläche II des Fünfeckes, Fig. 3
II' „ „ „ „ „ „ II' „ „ „ 4
III „ „ „ „ „ „ III „ „ „ 3
III' „ „ „ „ „ „ III' „ „ „ 4
IV „ „ „ „ „ „ IV „ „ „ 3
IV' „ „ „ „ „ „ IV' „ „ „ 4
V „ „ „ „ „ „ V „ „ „ 3
V' „ „ „ „ „ „ V' „ „ „ 4

wobei selbstverständlich die gleich bezeichneten Linien aufeinanderfallen, und alle Flächen der Vorderseite, die Aussenseite des Körpers bilden müssen.

Die in den Fünfecken ausgeschnittenen Oeffnungen ermöglichen das Zusammen- und Aneinanderdrücken derselben mit den an diese Fünfecke zu klebenden Flächen des Netzes.

Auch wird man bemerken, dass die Flächen beider Fünfecke Fig. 3 und Fig. 4 um die Cartondicke tiefer liegen als die daraufgeklebten Dreiecke (I, II, III, IV, V), (I', II', III', IV', V') des Netzes.

Diess ist aber sehr zweckmässig, weil in diese Vertiefung die in Fig. 1 und 3 der perspectivischen Zeichnung abgebildeten sterneckigen Körpertheile eingeklebt und durch die Ränder der höher gelegenen Dreiecke so regulirt werden können, dass sie eben sehr genau hineinpassen und die gehörige Stellung zum ganzen Körper erlangen.

Zur gänzlichen Schliessung des Körpertheiles Fig. 2 der perspectivischen Zeichnung, ist nur noch erforderlich, die Fläche 21 mit ihrer Rückseite auf die Vorderseite der Fläche 20 zu kleben.

Schlussbemerkungen.

Die in dem Vorstehenden beschriebenen Körper sind r e-g u l ä r, bilden somit die theoretisch sehr wichtige und interessante Ergänzung zu den schon längst bekannten „p i t h a g o-r ä i s c h e n oder p l a t o n i s c h e n" Körpern: Tetraeder, Hexaeder, Oktaeder, Dodekaeder, Ikosaeder.

Regulär sind diese Körper, da sie sämmtlich von regulären, in den Ecken in gleicher Anzahl und Neigung zusammenstossenden, unter sich congruenten Seitenflächen gebildet werden.

Es sind nämlich:

a) Die Seitenflächen des z w a n z i g- und die des z w ö l f-e c k i g e n S t e r n z w ö l f f l a c h e s, reguläre Sternfünfecke, deren durch ihre Seiten gebildete gemeine (und reguläre) Fünfecke jedoch im Innern des Körpers liegen.

Die in Folge dessen die äussere Begrenzung bildenden Dreiecke sind gleichschenklig und beträgt je einer der zwei gleichen Winkel 72, der dritte 36 Grade.

b) Die Seitenflächen des sterneckigen Zwanzigflaches, reguläre Dreiecke, von denen jedoch ein 18eckiger Theil im Innern des Körpers liegt.

Nach aussen wird dasselbe durch zweierlei Dreiecke begrenzt, von denen die in den Sternecken zusammenstossenden ungleichseitig sind, und Winkel von (22° 14' 19 5"), (75° 31' 21·0"), (82° 14' 19·5") enthalten.

Welchen der Dreieckswinkel die entsprechende Gradzahl zukömmt, ist aus den Netzen leicht zu erkennen.

Die kleineren Dreiecke, welche mit je zwei der vorigen eine einspringende körperliche (secundäre) Ecke des Körpers bilden, sind gleichschenklig, und beträgt je einer der zwei gleichen Winkel (37° 45' 40·5"), der dritte (104° 28' 29·0").

c) Die Seitenflächen des sterneckigen Zwölfflaches, reguläre gemeine Fünfecke deren durch die Diagonalen gebildete reguläre Sternfünfecke im Innern des Körpers liegen.

Der Körper wird sodann von aussen durch gleichschenklige Dreiecke begrenzt und beträgt je einer der zwei gleichen Winkel 36, der dritte 108 Grade.

Die Kenntniss dieser Winkel ist beim Zeichnen der Netze nöthig.

Instructiv ist es, wenn man die an der Aussenseite der Körper sichtbaren Theile einer Seitenfläche mit einer von der des ganzen Körpers verschiedenen Farbe ausstreicht.

Wie oftmal jedes der in den Tafeln gezeichneten Netze zur Darstellung des betreffenden Körpers nöthig ist, wird aus den auf diesen Tafeln hierüber angegebenen Bemerkungen ersehen.

Jeder der Poinsot'schen Körper kann sowohl aus dem Dodekaeder, als auch aus dem Ikosaeder abgeleitet werden.

Die Principien, auf welchen diese Ableitungen beruhen, sind folgende:

1. Man setzt auf die Seitenflächen des Grundkörpers (Dodekaeder oder Ikosaeder) Pyramiden von bestimmter Gestalt und Grösse auf, deren Spitzen entweder ausser- oder innerhalb des Grundkörpers zu liegen kommen können.

Es entstehen sonach über sämmtlichen Seitenflächen des Grundkörpers beziehungsweise aus- oder einspringende Körperecken.

2. Man verlängert, erweitert beziehungsweise die Kanten. Seitenflächen des Grundkörpers bis zum geeigneten Durchschnitte.

Diese allgemeinen Andeutungen mögen indess unter Hinweis auf die im Vorworte citirten Werke genügen.

Im Verlage der Actien-Gesellschaft „Leykam-Josefsthal" (Graz, Stempfergasse 4) ist erschienen und daselbst, sowie in allen Buchhandlungen zu haben.

Steinhauser A. Ueber die geometrische Construction von Stereoskopbildern. Ein Beitrag zur centralen Projection. bearbeitet zum Gebrauche für Techniker und Physiker. Graz. 1870.

Fachblätter haben sich über das genannte Werk sehr günstig ausgesprochen.

So schreibt die „Zeitschrift des österr. Ingenieur- und Architekten-Vereines" (Jahrg. 1870, Heft VIII) nach fast vollständiger Wiedergabe der Vorrede Folgendes wörtlich:

„Die in nicht ganz unbedeutender Anzahl bisher erschienenen Werke über denselben Gegenstand sind meist weniger gründlich und wissenschaftlich strenge abgefasst als es in Steinhauser's Abhandlung der Fall ist. Das Rüet'sche Werk: „Das Stereoskop" ist zwar viel umfangreicher und eine gewiss höchst schätzenswerthe Arbeit, aber es ist mehr vom physiologischen Standpunkte aus geschrieben und vernachlässiget die constructive Richtung.

Die Abfassung des vorliegenden Werkchens ist so gegeben, dass Stereoscop-Freunde, welche den strengen wissenschaftlichen Erörterungen und der constructiven Begründung gerne aus dem Wege gehen, diese Partien, ohne den Zusammenhang zu verlieren, überschlagen können.

Wir sind, nach Einsichtnahme in dasselbe in der Lage, es vornehmlich unserem Lesepublikum empfehlen zu können, welches die technischen Vorzüge desselben gewiss zu würdigen verstehen wird."

Einer ausführlichen Besprechung, welche die sehr geachtete „Zeitschrift für die gesammte Naturwissenschaft" (Jahrg. 1870, Band XXXVI) dem Werke Steinhauser's über Stereoskopbilder widmet, entlehnen wir Folgendes wörtlich:

„Bei der centralen Projection können das Centrum (C), das Object (O) und die Projectionsebene (E) folgende 3 Lagen haben: C, E, O; E, C, O und C, O, E. Unter Beachtung dieser drei Fälle untersucht der Verfasser der vorliegenden kleinen Schrift die gegenseitige Lage und sonstigen Eigenschaften der beiden Halbbilder eines Stereoskopenbildes, welche durch centrale Projection von 2 Centren aus gewonnen werden. Der erste Fall liefert die Theorie der im gewöhnlichen Stereoskop benutzten Bilder; der zweite führt auf die Theorie der photographischen Aufnahme solcher Bilder (dabei erkennt man unter andern sehr deutlich, warum die Bilder herumgedreht werden müssen); der dritte endlich gibt die Erklärung für das in den Lehrbüchern der Physik u. s. w. bis jetzt nur selten berücksichtigte stereoskopische Sehen mit gekreuzten Sehaxen. Dabei gibt der Verfasser nicht nur Regeln für die Construction der Stereoskopenbilder im ersten und dritten Fall, sondern er stellt auch Untersuchungen an über die grösste zulässige Breite der beiden Halbbilder; es zeigt sich, dass dieselbe im dritten Fall mit der Entfernung der Bilder vom Auge wächst (wie diess auch eine einfache Ueberlegung ohne jede Rechnung gezeigt haben würde). Da nun ausserdem bei den Bildern der dritten Art die beiden Halbbilder viel grössere Unterschiede besitzen können als die der ersten Art, so empfiehlt er sie — und zwar mit Recht — ganz besonders für den physikalischen und geometrischen Unterricht. Zur Betrachtung dieser Bilder hat der Verfasser einen neuen Apparat construirt, der so einfach ist, dass man ihn ohne besondere Kosten leicht selbst aus Pappe oder Cigarrenkistenholz zusammensetzen kann. Man kann diesen Apparat ohne Zweifel mit grossem Vortheil beim Unterricht in der Stereometrie u. s. w. verwenden, man braucht nur nach den gegebenen Regeln die Figuren auf Papptafeln zu zeichnen und an die Wand zu hängen, so können alle Schüler gleichzeitig die Figur plastisch sehen, während bei den bis jetzt gebräuchlichen Bildern und Apparaten immer nur einer die Zeichnung besehen kann, denn für jeden Schüler lässt sich ein gewöhnliches Stereoskop nebst zugehörigen Zeichnungen kaum beschaffen. Man kann aber diesen Apparat auch noch zu zwei anderen Experimenten benutzen, die der Verfasser nicht angibt, er erlaubt nämlich die richtige stereoskopische Anschauung von solchen Bildern, welche der Photograph falsch neben einander geklebt hat (was gar nicht so selten vorkommt), und ausserdem kann man gewöhnliche Stereoskopenbilder mit demselben in einem falschen (umgekehrten) Relief sehen: die vordern Partien scheinen hinten zu sein, die hintern vorn. Dies letzte Experiment gibt nicht nur bei vielen Bildern, sowohl bei mathematischen Figuren als auch bei Landschaften u. dgl. einen ungeheuer überraschenden und interessanten Effect, sondern es ist auch für die Theorie des stereoskopischen Sehens sehr instructiv. — Referent, der für seine Augen zur Anstellung dieser Versuche einen besonderen Apparat ebensowenig nöthig hat wie bei der Betrachtung der gewöhnlichen Stereoskopenbilder, hat sich daher schon längst einen solchen Apparat gewünscht, um auch andern Personen diese Versuche zeigen zu können; es kann zwar Jedermann, der gesunde Augen besitzt, stereoskopische Halbbilder beider Arten vereinigen, aber ebenso wie es den Weitsichtigen schwer wird, bei paralleler Stellung ihrer Sehaxen die gewöhnlichen Stereoskopenbilder ohne Apparat zu vereinigen, so ist es auch für die Kurzsichtigen nicht leicht, bei gekreuzten Blickrichtungen entferntere Objecte deutlich zu sehen. *) Aus diesem Grunde wäre es vielleicht doch nicht ganz unzweckmässig, wenn man für gewisse Fälle das neue Steinhauser'sche Stereoskop doch noch mit schwach prismatischen Gläsern versehe, dieselben müssten selbstverständlich ihre brechende Kante aussen haben und dürften nicht convexe Flächen besitzen, sondern ebene oder concave — in dieser Form würde das Instrument freilich etwas theurer werden, es würde dann aber ein vollständiges Gegenstück zum Brewster'schen Stereoskop bilden. Uebrigens stimme ich dem Verfasser darin vollständig bei, dass die Apparate ohne Gläser im Allgemeinen vorzuziehen sind, weil sie den Laien nicht in die Versuchung führen, die ganze Wirkung auf Rechnung der Gläser zu setzen; ich möchte sogar noch etwas weiter gehen und den Gläsern noch weniger Wirkung zuschreiben als Steinhauser, wenigstens scheint es mir so, als ob ein gewöhnliches Stereoskopenbild im gewöhnlichen Prismenstereoskop, oder im Linsenstereoskop, oder bei der Betrachtung mit den unbewaffneten, parallel gerichteten Augen ganz denselben Eindruck mache, selbst wenn dasselbe eine ziemlich grosse Bildbreite hat. So kann ich z. B. die bekannten ausgezeichneten stereoskopischen Figuren für Stereometrie und sphärische Trigonometrie von Julius Schlotke (Hamburg 1870, L. Friedrichsen & Co.) sehr bequem zu einem vollständig richtigen stereoskopischen Ganzbilde vereinigen, obgleich bei diesen Bildern die Breite jedes Halbbildes 70^{mm} und die Entfernung der entsprechenden Punkte im Mittel meistens 65^{mm} beträgt, also immer noch grösser ist als die Distanz meiner Pupillen. Es widerspricht dies zwar scheinbar der mathematischen Theorie des Verfassers, erklärt sich aber meiner Ansicht nach physiologisch sehr einfach dadurch, dass das Auge kein blosser physikalischer Apparat ist, sondern ein Organ, welches sich veränderten Verhältnissen in ziemlich weitem Umfange anzupassen im Stande ist; die Hypothese von den identischen Punkten auf den Netzhäuten braucht man dabei gar nicht zu Hilfe zu nehmen. Die Theorie des Verfassers soll also durch obige Bemerkung in keiner Weise angefochten werden. — Zu einer doppelten Bemerkung gibt ferner eine Stelle der Vorrede Anlass; da heisst es nämlich: „In Helmholtz's ausgezeichnetem Lehrbuch der physiologischen Optik findet sich eine übrigens hier nicht benützte mathematische Theorie des Stereoskopes, ohne jedoch die geometrische Construction der Stereoskopbilder zu berühren." Hiernach könnte es scheinen, als ob Helmholtz eine ganz andere Theorie für das Stereoskop aufgestellt und über die Construction der Bilder gar nichts gesagt hätte – beides ist nicht der Fall: Die mathematischen Theorien von Helmholtz und Steinhauser sind vollkommen identisch, denn das von Helmholtz (S. 665) angegebene ε ist genau gleich der Differenz $x-b$ bei Steinhauser (S. 6); der einzige Unterschied liegt darin, dass H. seine Formel mit Hilfe der analytischen Geometrie, St. aber durch ähnliche Dreiecke entwickelt. Ferner hat auch schon H. bemerkt, dass seine Formel für ε die Regel enthalte für die Zeichnung von Stereoskopenbildern, da er aber seine Theorie nach einer anderen Seite hin weiter entwickelt, führt er diese Regel nicht so weit aus wie dies St. gethan hat, diesem bleibt ausserdem noch das Verdienst, die Theorie auf den Fall der gekreuzten Sehaxen ausgedehnt zu haben. Deswegen und wegen der Angabe des neuen Stereoskopes ist das Buch als eine schätzenswerthe Bereicherung unserer Literatur anzusehen und der Aufmerksamkeit der Physiker wohl zu empfehlen."

---

*) Referent hat nachträglich ein Instrument, wie es der Verfasser beschreibt, construiren lassen und hat es vielen Personen gezeigt, dass aber dabei die Beobachtung gemacht, dass es doch manchen Leuten schwer, resp. unmöglich wird, mit getrennten Augenaxen zu sehen; selbst als der Apparat durch eingeschobene schräge Zwischenwände des Auges die Stellung noch mehr erleichterte, konnten die Schwierigkeiten immer noch nicht überwunden werden. Die Anwendung concaver prismatischer Brillen erleichterte die Beobachtung bedeutend. (Cfr. Sitzungsprotokoll vom 20. Juli.)

Taf. I.

Das zwanzigeckige Sternzwölfflach	Das zwölfeckige Sternzwölfflach
Fig. I.	Fig. II.

Fig. 1.

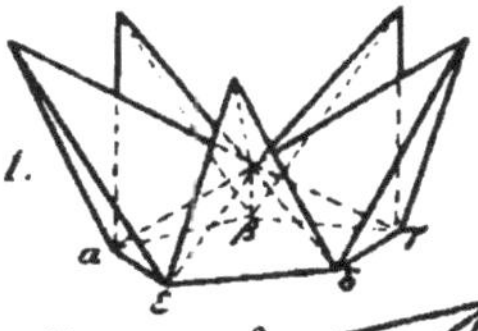

Fig. 2.

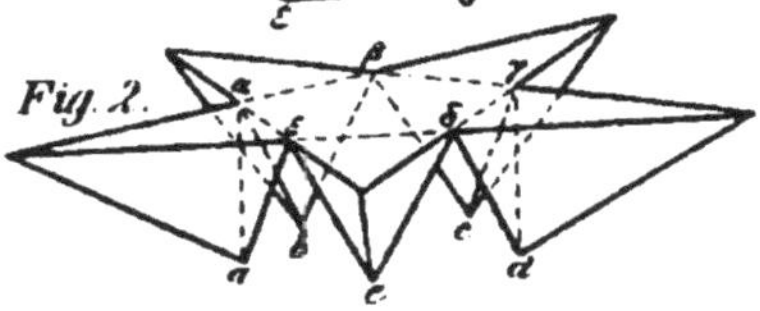

Fig. 3.

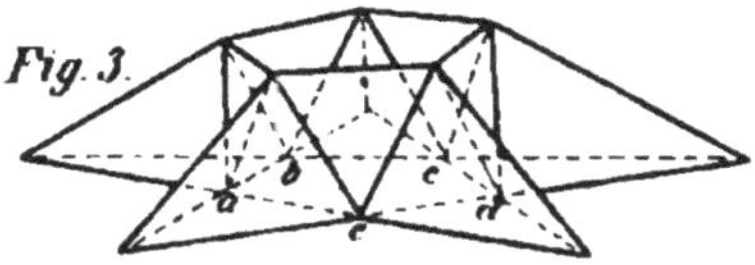

Fig. 4.

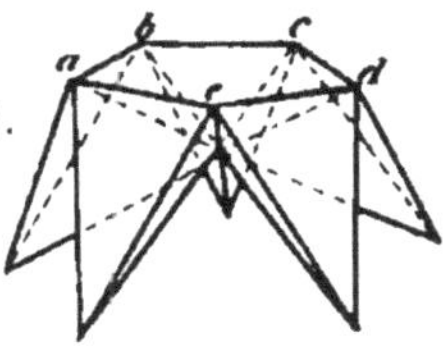

Fig. 5.

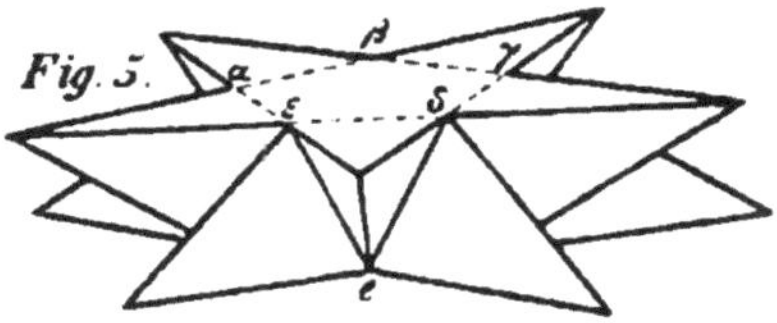

Fig. 1.

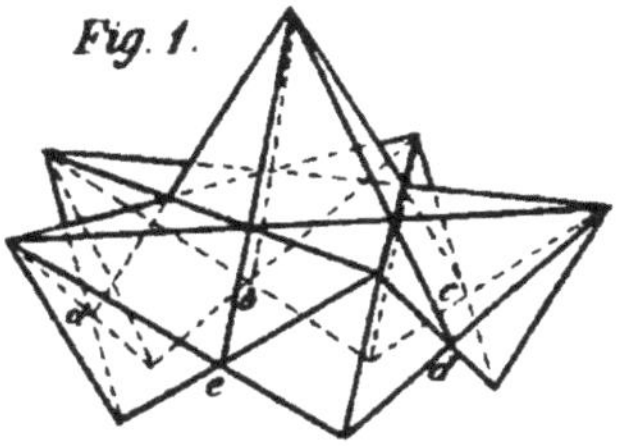

Fig. 2.

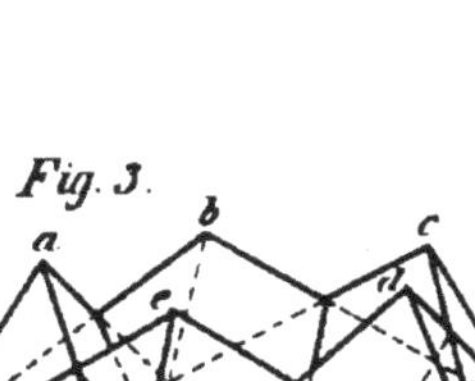

Fig. 3.

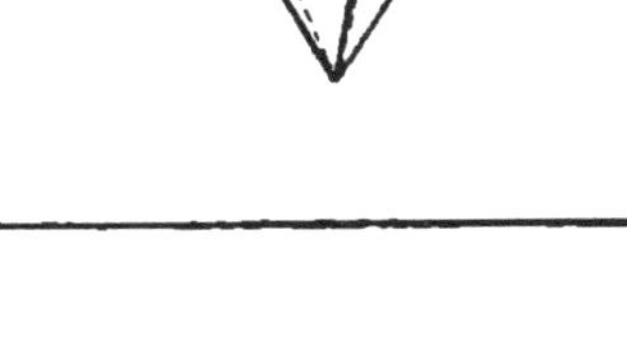

Das sterneckige Zwanzigflach
Fig. III.

Das sterneckige Zwölfflach
Fig. IV.

Fig. 1.

Fig. 1.

Fig. 3.

Fig. 2.

Fig. 4.

Fig. 5.

Fig. 3.

Fig. 3.